U0348048

外来入侵
昆虫和植物标本
采集与制作

◎ 章金明　钟海英　王金旺　李建忠　著

中国农业科学技术出版社

图书在版编目（CIP）数据

外来入侵昆虫和植物标本采集与制作 / 章金明等著.
北京：中国农业科学技术出版社，2024.7. -- ISBN
978-7-5116-6885-1

Ⅰ. Q-34

中国国家版本馆CIP数据核字第 2024ZW5609 号

责任编辑	于建慧
责任校对	李向荣
责任印制	姜义伟　王思文

出 版 者	中国农业科学技术出版社
	北京市中关村南大街 12 号　　邮编：100081
电　　话	（010）82109708（编辑室）　　（010）82106624（发行部）
	（010）82109709（读者服务部）
网　　址	https://castp.caas.cn
经 销 者	各地新华书店
印 刷 者	北京中科印刷有限公司
开　　本	148 mm×210 mm　1/32
印　　张	2.25
字　　数	63 千字
版　　次	2024 年 7 月第 1 版　　2024 年 7 月第 1 次印刷
定　　价	39.80 元

前　言

PREFACE

　　随着全球经济一体化和国际贸易的迅猛发展，生物入侵事件频繁发生，严重威胁我国国民经济的健康发展。外来有害昆虫和植物的入侵不仅严重影响入侵地生态环境、损害农林牧渔业可持续发展、破坏生物多样性，更危害国家安全和人民群众身体健康，因此，外来生物入侵防控事关国家粮食安全、生物安全和生态安全。开展入侵生物的预防预警、检测监测、应急处理和区域减灾等应用技术研究已成为重要和紧迫的工作，也是我国各级政府和公众高度关注的热点和难点问题。

　　本书旨在提供外来入侵昆虫和植物标本的采集与制作的基本知识和技能，以便科研人员、基层植保植检工作者和昆虫与植物爱好者等更好地开展相关工作。内容包括采集准备、采集方法、标本制作、标本保存以及数据记录等方面。通过标本的采集与制作，一方面可以为科研工作者提供直观的研究材料，从而为入侵生物的防治提供科学依据；另一方面可以更好地识别和监测入侵生物的发生、传播和扩散情况，为及时采取防治措施提供有力支持；同时，有助于评估入侵生物对生态环境的影响，为生物多样性的保护提供数据支持；此外，可以作为科普教育的重要资源，向公众展示入侵生物的形态特征、生活习性等信息，提高公众对生物多样性、生态环境保护等方面的认知；最后，入侵昆虫和植物标本库可以为国内外科研机构提供交流与合作的平台，有助于共同研究入侵昆虫和植物防治技术，提高全球生物安全研究水平。

在撰写过程中，我们力求简洁明了、突出实用性，便于读者快速掌握相关技能。同时，我们鼓励读者在实践中不断总结经验，完善本书，以便更好地服务于外来入侵昆虫和植物的研究和防治工作。

著　者

2024年4月

目 录
CONTENTS

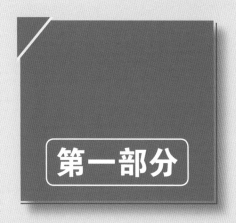

第一部分

外来入侵昆虫标本采集与制作

一、昆虫标本的采集

标本的采集是学习和研究的前提，标本的采集需要根据不同外来入侵种的食性来选用合适的采集方法。外来入侵昆虫采集不仅需要具备一定的专业知识（包括生物学、生态学等），而且须掌握正确的采集方法，才能确保采获的物种在后期研究中具有重要鉴别和参考价值。

（一）昆虫的采集工具

1.采集袋

采集袋包括两种，第一种为集虫袋，即位于其上半部的采集套体和其下半部的收纳袋体（图1至图3），套体的一端口设有用于绑口的收拢绳，收拢绳下方设有松紧带，以利将采集套体套入不同大小的寄主植物，套体的末端与收纳袋体的开口采用可拆卸式连接，收纳袋体设有封口装置。

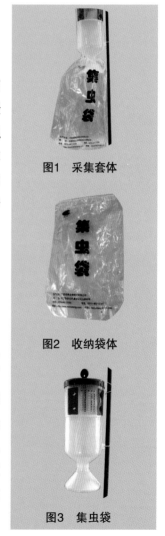

图1　采集套体

图2　收纳袋体

图3　集虫袋

第二种为三角纸袋，用于收集鳞翅目成虫的简易纸袋，可临时存放；该纸袋用坚韧的白色光滑纸张裁成3∶2的矩形纸片折叠而成，规格按照虫体大小而定（图4至图5）。

图4　装有实蝇的三角纸袋　　图5　装有草地贪夜蛾的三角纸袋

2. 捕虫网

用来捕捉飞行迅速、善于跳跃和在水中游动昆虫的网，通称捕虫网。根据不同昆虫的习性和生境，需使用不同的捕虫网。该网一般可区分为捕网、扫网和水网3种类型。

捕网的使用方法有两种，一种是当昆虫入网后，使网袋底部往上甩，将网底连同昆虫倒翻向上；另一种是当昆虫掉入网后，转动网柄，使网口向下翻，将昆虫封闭于网底（图6）。

扫网用以捕捉灌木丛或杂草中栖息的昆虫，其规格结构与捕虫网相同，但网袋应选择结实、耐磨的白布或亚麻布制作（图7）。

图6　捕网　　　　图7　扫网

用扫网扫捕昆虫是沿途采集昆虫的主要方法，可以在大片草地和灌丛中边走边扫，扫的时候要左右摆动。

水网专门用于捕捉水生昆虫。该网的制作材料必须坚固耐用且透水性好，一般用细纱或亚麻布作材料。网圈规格与捕虫网相似，但网袋较短呈盆底状，网柄更长，以便捕虫者站在岸边就可以捕捉水面或水中的昆虫（图8）。

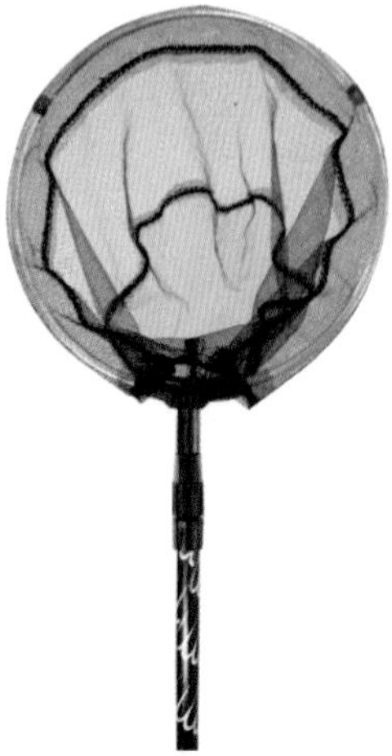

图8　水网

3. 毒瓶

制作毒瓶所使用的化学药品应当对昆虫具有强毒性或强麻醉性，过去用装有适量（5～10 g）的氰化钾或氰化钠等剧毒药物的广口瓶作毒瓶，但因该类药剂的潜在为害性很大，所以改用其他药剂制成毒瓶，如乙酸乙酯、乙醇、乙醚、甲醛等，专门用来熏杀捕获的昆虫，以便及时制成完整的标本。毒瓶用带小孔的支撑片（高12 cm，直径8.4 cm）、瓶盖及透明瓶体组成。支撑片下放有滴有适量毒药的棉球，专门用来迅速熏杀昆虫（图9至图12）。

图9　毒瓶体

图10　毒瓶整体构造

图11　毒瓶盖　　　　图12　毒瓶内支撑片

4. 浸渍液瓶

装有浸渍幼小昆虫、成虫或昆虫的卵、幼虫、蛹的液体的小型容器，多用具有防腐性和固定虫体组织能力的化学药品。常用的浸渍液有3种。

75%酒精溶液。

福尔马林保存液（福尔马林（含甲醇40%）：蒸馏水=1：18，或用2%~5%的福尔马林液溶液）。

卡氏固定液（酒精（95%）：福尔马林（40%）：冰醋酸：蒸馏水=17：6：2：28），该浸渍液对微小昆虫的固定效果良好。

5. 诱集工具

性诱器、食诱器、粘胶板等。基于昆虫对性信息素的趋性或对特殊气味的偏好进行昆虫采集的一类工具。目前，有害生物诱集用的工具有性诱器、食诱器、粘胶板。

6. 其他

透明塑料盒、指形管、镊子用于盛装、投放昆虫的常用容器和工具。

刀具、剪刀等用于采集植株连同昆虫的工具。

其他还有照相机、记录本、标签纸、铅笔、记号笔等。

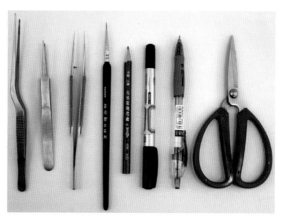

图13　昆虫采集常用工具

（二）外来有害昆虫采集方法

采集时间集中于晚春到秋末，温暖晴朗的天气，一般在9：00—18：00，对于蛾类（苹果蠹蛾、番茄潜叶蛾、草地贪夜蛾等）成虫采集时间为19：00—23：00，闷热的夜晚利于昆虫的活动。对于本书涉及的有害生物种类，一般采用以下5种方法。

1. 诱集法

利用有害生物的趋光性、趋化性、趋食性，采用色板、黑光灯等工具进行高效诱捕。

2. 观察法

通过有害生物对寄主的为害状、在寄主表面留下的粪便等排泄物，确定害虫所在部位及大致虫态，进行捕捉。

3. 击落法

有些有害生物（例如甲虫类）具有假死性，可根据此特性，利用木棍等敲震树枝、树干，使有害生物掉落于提前布好的收集布上。

4. 网捕法

该方法适用于潜伏或正在飞行的有害生物。在杂草、灌木上用捕虫网呈"8"字形来回扫动进行捕捉。

5. 食诱法

对于水栖有害生物（福寿螺类），可在有害生物出没的地方定向、定时投放饵料，结合诱捕装置和捕捞网进行有效采集。另外，具有食诱剂的昆虫，如实蝇类害虫也可以采用此法。

注意事项

采获的标本及时做好采集记录（编号、采集日期、采集地点、采集人、海拔高度、生境、寄主、害虫生活习性、危害情况、发生数量等）。同时，通过GPS软件系统记载采集地点的经纬度、当地的气象状况（气温、降水量、风力等）。

尽量保持昆虫标本的完整性。昆虫的附肢及蛾类鳞片等极易破损，故应避免直接用手捕捉采集和整理。

每种昆虫种类采集一定数量的个体，尽量采全昆虫的各个虫态（卵、幼虫、蛹、成虫）。

二、昆虫标本的制作

（一）昆虫标本类型

为方便有害生物标本保藏、鉴定、交换等，采获的有害生物须制作成标本，进行长期保存，主要包括3类，即针插的干标本、溶液浸泡的浸渍标本、树脂封存的玻片标本（图14）。

1. 浸渍标本

主要是针对体小、体壁柔软的一类有害生物以及幼虫、蛹、卵等虫态进行浸泡的标本。

2. 针插标本

体壁较坚硬的外来有害生物种类，可采用针插的方法，将其长期保存。

经度：119.589333
纬度：27.816853
海拔：1053.0
天气：小雨 15~21℃ 东北风
地点：丽水市景宁畲族自治县大漈乡
时间：2022-10-29 18:13:23

图14　小型昆虫的标本制作

（二）针插标本的制作流程

1. 虫体针插

按昆虫体大小选用适当的昆虫针，夜蛾类一般用3号针；微小昆虫，用10 mm的无头细微针。针插部位因种类而异。

2. 整姿

昆虫针插以后，尽量保持活虫姿态。需将触角和足进行整姿，使前足向前，后足向后，中足向左右。体型较大的蛾类需展翅。按虫体大小选取昆虫针、针插部位要求插入虫体，将虫体腹部插入展翅板槽内，将翅拨开平铺于展翅板。小型昆虫可用粘虫胶粘在三角纸上，再做成针插标本。

3. 制作玻片标本

对于微小且用于永久性保存的昆虫种类，可采用该方法。

4. 贴标签

每一个昆虫标本，必须附有标签。要写明昆虫名称、寄主及采集地点和时间（图15）。

5. 保藏

防止被虫蛀食、阳光暴晒退色、灰尘、鼠咬、霉烂等一系列问题。制成的昆虫标本需放在阴凉干燥处，玻片

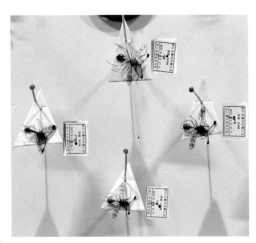

图15 小型针插标本的制作及保藏

标本、针插标本等必须放在有防虫药品的标本盒里，分类收藏于标本柜。

三、鞘翅目昆虫标本的制作

外来入侵生物鞘翅目物种主要包括红棕象甲*Phynchophorus ferrugineus* Oliver、甘薯小象甲*Cylas formicarius*（Fabricius）、稻水象甲*Lissorhoptrus oryzophilus* Kuschel、四纹豆象*Callosobruchus maculatus*（Fabricius）、灰豆象*Callosobruchus phaseoli*（Gyllenhall）、椰心叶甲*Brontispa longissima*（Gestro）、马铃薯甲虫*Leptinotarsa decemlineata*（Say）、褐纹甘蔗象*Rhabdoscelus lineaticollis*（Heller），不同种类个体间大小存在显著差异。因此，标本的制作和采集方式也各具特点。

（一）大型个体标本采集和制作

1. 材料准备

甲虫标本：选择具有代表性和完整的甲虫个体进行制作，最好是自然晾干的成虫。

标本针：选择细、坚硬的标本针用于固定甲虫的体壁和翅。

标本盒：用于存放和展示标本，最好选择透明的材料。

酒精：用于清洁标本和消毒工具。

硼酸：防治标本被虫蛀食。

干燥剂：用于吸收标本及周围的湿气，防治标本发霉。

2. 标本制作

准备工作：在制作甲虫标本之前，需将材料准备好，确保工作台面整洁干净。

清洁标本：将选好的甲虫个体取出，用软刷蘸取酒精轻轻刷除附着于标本表面的灰尘、污垢、泥土和杂质。

固定标本：首先，将昆虫针插入甲虫的胸部，使其身体保持平直；然后，将昆虫针插入翅基部，使翅展开。避免用力过大，以免损坏虫体结构。

调整姿态：根据甲虫的生活习性和形态特征，调整其姿态。

封盒：将标本放入标本盒，内放置干燥剂和樟脑等驱虫剂，以防标本发霉和被虫食。

成虫制成针插标本，记录害虫名称、来源、寄主、采集时间（或截获时间）、地点、人员等信息，一般保存期至少为6个月。

幼虫和蛹用乙醇甘油保存液保存。

（二）小型个体（甘薯小象甲）标本采集和制作

1. 材料准备

三角纸卡、胶水、昆虫针、标签纸、三级台、显微镊等。

2. 标本制作

对于甘薯小象甲等小型个体，可用粘虫胶将小型虫体小心地粘于三角纸尖，再做成针插标本（图16）。

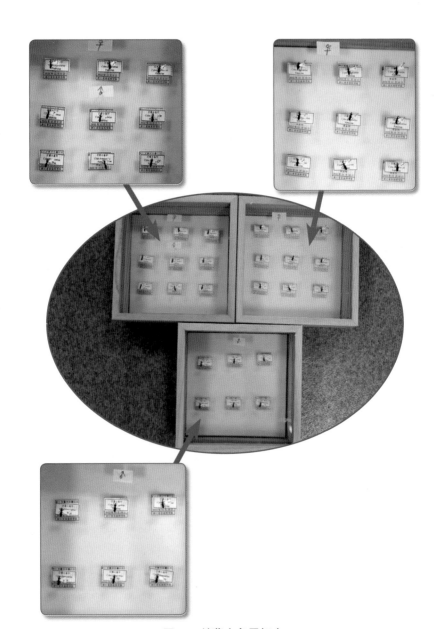

图16　甘薯小象甲标本

四、双翅目昆虫标本的制作

外来入侵生物中的双翅目昆虫包括南美斑潜蝇*Liriomyza huidobrensis*（Blanchard）、美洲斑潜蝇*Liriomyza sativae* Blanchard、三叶草斑潜蝇*Liriomyza trifolii*（Burgess）、瓜实蝇 *Zeugodacus cucurbitae* Coquillett、橘小实蝇*Bactrocera dorsalis*（Hendel）、南亚果实蝇*Zeugodacus tau*（Walker）、番石榴果实蝇*Bactrocera orrecta*（Bezzi）、蜜柑大实蝇*Bactrocera tsuneonis*（Miyake）、枣实蝇*Carpomya vesuviana* Costa。

（一）斑潜蝇标本采集和制作

按不同季节在选择代表性地点的菜圃、花圃，采集有虫道的叶片。采集活虫宜采含有淡绿白色长度适中的虫道的叶片，采下的叶片按不同地点、不同作物置于透明采集袋或玻璃瓶内，并附入标签，标签上用铅笔记下作物、地点、面积、被害程度，或仅写编号，另在标本登记本上按号记下作物、地点、面积被害程度及采集人姓名。待袋中叶片内幼虫化蛹后，用毛笔将蛹移至指形管中让其羽化，及时挑出死蛹。

1. 材料准备

昆虫标本盒、昆虫针、手术镊、熏杀剂、5%氢氧化钠（NaOH）或5%氢氧化钾（KOH）、三角纸袋、丙酮、加拿大胶、无水乙醇、卡尔氏标本液、玻璃瓶、标签纸、培养皿、体视显微镜、烘箱、干燥器等。

2. 标本制作

（1）成虫针插标本

为便于鉴定和保存，成虫标本可制作为针插标本。成虫羽后24 h以上体色稳定后，用药剂薰杀或冷冻杀死成虫。用精细的显微镊夹住成虫翅部取出，包于三角纸袋，纸袋上做好标号，操作过程中勿碰断成虫附肢和鬃毛，三角纸袋标本放于干燥器中保存。

三角纸卡粘制标本制作，剪取粘虫用的三角纸卡；在纸卡尖端涂适量加拿大胶，用显微镊将成虫翅向外方、头部露出、侧身粘三角纸尖，以便镜检，标本制好后下方加插一标签卡，卡上注明采集地点、寄主、羽化时间等信息。

（2）成虫浸渍标本

可用无水乙醇浸泡保存成虫用于分子生物学实验。

（3）幼虫浸渍标本

将一部分含"虫包"小叶组织投入卡尔氏标本液的小瓶中，贴好标签，隔几天挑出幼虫更换液浸渍液，可供长期保存。

（4）玻片标本

成虫性外生殖器和幼虫后气门玻片标本制法如下：取下雄虫腹部或幼虫胴体后半部，投入5%氢氧化钠或5%氢氧化钾溶液中微火煮沸3～8 min，待肌肉和脂肪等组织溶解且仅剩骨质部分，将骨质部分转移至培养皿用蒸馏水漂洗数次，在体视显微镜下剔除其他骨化部分，最后移入玻片上的荷燕尔胶中，整姿、封片，并在烘箱45℃条件下自然干燥24 h。

（二）实蝇标本采集与制作

1.材料准备

标本盒、培养皿、滤纸、昆虫针（0～5号）、显微镊、软木纸条、弯头解剖针、KT板、泡沫板、指型管、标签纸、樟脑丸、脱脂棉、阿拉伯胶、双面胶、胶棒、粘虫小纸卡、热熔胶、毒瓶、冰醋酸、甲醛、无水乙醇、乙醚或乙酸乙酯、注射器、固定液、50％乙醇、标本分级板、解剖镜等。

浸渍液为酒精、甲醛混合液（即80％酒精：40％甲醛：冰醋酸=15：5：1）。

2.标本制作

供鉴定用的实蝇成虫标本和作永久性保存的实蝇成虫都以针插标本最为理想。长期浸渍的标本不仅使实蝇成虫的原色容易改变，虫体及翅也会变得十分柔软，影响对标本的鉴定和保存。

（1）成虫针插标本

活体实蝇可直接投入毒瓶中毒杀5 min，之后用昆虫针将成虫从中胸中央偏右插入，并使虫体背面露出约8 mm，插入厚泡沫板中进行展整姿，将翅向上拉到尖端与头顶平齐为宜，再用透明硫酸纸或光滑纸条压覆翅面，用昆虫针固定于泡沫板。展翅后，整理头部、触角及足，使其尽量伸展呈自然姿态。自然晾干后再装盒。

已干燥成虫的展翅整姿。先将干标本放入50％乙醇中浸洗3 min，排除虫体表面的杂物和气泡，取出置入1∶1的50％甘油和5％氢氧化钠混合液中浸泡3～5 h，用显微镊和弯头解剖针配合将虫翅向虫体前方拉动，使翅基部能活动自如。取出蒸馏水润洗，按上述方法展翅整姿，制成针插标本。本方法也适用于其他小型膜翅类昆虫标本的整姿制作（图17至图18）。

（2）卵、幼虫和蛹浸渍标本

为避免虫体变形发黑，应先将幼虫和蛹放入开水中片刻。水煮时间长短因虫体大小、老幼而异，一般小而较柔软的煮1~2 min，较大而皮肤较厚的可煮达5~10 min，煮至虫体伸直稍硬即可，之后将幼虫和蛹放入70%~80%的酒精中保存。

图17 瓜实蝇雌成虫针插标本

标本浸渍的封口方法主要包括蜡棉胶液封口法、真空封口法和橡皮塞胶液封口法。橡皮塞胶液封口法经2次

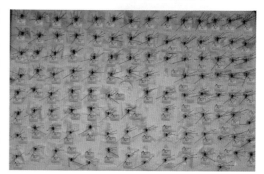

图18 橘小实蝇成虫针插标本

封口后效果极佳，具体过程是，将幼虫或蛹放入指型管内，将浸渍液倒满瓶子，塞上橡皮塞。塞橡皮塞时要把橡皮塞全部塞入指型管中，在橡皮塞和指型管管口之间留有约4 mm的空隙。而后将胶棒插入热熔胶枪，待热熔胶溶化后均匀灌入空隙，不留缝隙。

热溶胶凝固后，浸渍标本的封口基本完成，并进行2次封口，在指型管的外面再裹上一层透明胶布，或是将封好口的指型管固定好，放入装有浸渍液的大玻璃瓶中。

标本装盒前，将实蝇生活史标本盒的盒底铺上泡沫板。成虫标本装盒时，先将标本插到小白盒内，然后放入标本盒中。一般应同时放入雌虫和雄虫，便于比较。最后依次将实蝇生活史及被害植物的照片、卵、幼虫、蛹、成虫的标本放入盒中。

标本装盒后，在盒的左下方角落里贴上标本标签，在各虫态的下方贴上各虫态标签。

最后在标本盒中放入樟脑丸即可（图19）。

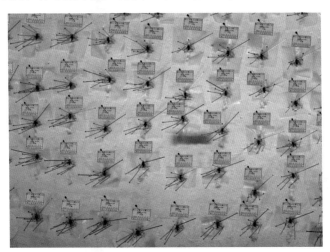

图19　实蝇成虫针插标本的长期保藏

注意事项

标签制作是昆虫标本制作不可或缺的重要一环。实蝇生活史标本的标签分为总标签和各虫态标签。总标签要标注昆虫的中名、学名、寄主、产地和日期，并贴于标本盒的左下脚。标明各虫态的标签要置于各虫态的下方。

五、半翅目昆虫标本的制作

外来入侵生物主要半翅目包括烟粉虱*Bemisia tabaci*（Gennadius）、葡萄根瘤蚜*Viteus vitifoliae*（Fitch）、扶桑绵粉蚧*Phenacoccus solenopsis* Tinsley、吹绵蚧*Icerya purchasi* Maskell、苹果绵蚜*Eriosoma lanigerum*（Hausmann）、新菠萝灰粉蚧*Dysmicoccu neobrevipes* Beaidesley、南洋臀纹粉蚧*Planococcus lilacinus*（Cockerell）、大洋臀纹粉蚧*Planococcus minor*（Maskell）、无花果蜡蚧*Ceroplastes rusci*（Linnaeus）、枣大球蚧*Eulecanium gigantea* Shinji等。

这些物种因个体小，需制成玻片标本以长期保存并研究。玻片标本制作按"杀死—固定—透明—染色—脱水—封藏"等6个步骤完成。

（一）烟粉虱标本采集和制作

1. 材料准备

10%NaOH（或10%KOH）溶液、培养皿、微针、蒸馏水、无水乙醇、双氧水、毛笔、小烧杯、体视镜、昆虫针、玻璃棒、番红、载玻片、盖玻片、二甲苯、中性树胶、显微镊、酒精灯、烘箱、小烧杯、培养皿等。

2. 蛹玻片标本制作

（1）组织溶解

将蛹壳挑入盛有10%NaOH或10%KOH溶液的小烧杯内。用酒精灯加热至内脏溶解。此法具有两个优点。一是可保虫体完好无损，不至煮破虫体；二是碱液不混浊，便于下一步的操作。

（2）清除内脏

将清除内脏后的蛹壳放入蒸馏水，漂洗3次，每次40~60 min，以便洗净虫体上的碱液。

（3）脱水

黄色蛹壳直接用浓度为70%（1次）、90%（1次）、100%（3次）的酒精依次脱水，每次约1 min。黑色蛹壳先用双氧水氧化脱色至蛹壳变黄，再进行上述脱水步骤。

（4）虫体透明和封片

用毛笔将粉虱伪蛹小心移入盛有质量浓度为50~100 g/L KOH溶液的小烧杯内，25℃软化处理4~5 h，或38~40℃条件软化1~1.5 h。软化至肉眼观察时虫体变白为宜。然后在体视镜下用0号昆虫针小心地在虫体腹部两侧各刺1个小孔，之后用毛笔将虫体移入盛有蒸馏水的小培养皿内，用玻璃棒轻压虫体，挤出内部组织，最后用蒸馏水漂洗多次至虫体透明。

（5）番红染色

将处理好的伪蛹移入多孔细胞培养皿上，滴上质量浓度为10 g/L的番红染色溶液1~1.5 mL，盖好盖玻片，置于25℃染色25~30 min，或38~40℃染色10~15 min。

（6）脱水

将伪蛹依次用不同浓度梯度的乙醇（30%、50%、70%、85%、95%、100%）依次脱水，每个梯度处理3~5 min。

（7）透明

将伪蛹移入载玻片，滴1滴二甲苯，体视显微镜观察判断其背、腹面，整理虫体形态和布局，清除周围黏附的杂物。

（8）封片

标本上滴1滴中性树胶。用盖玻片的一端接触载玻片，再将盖玻片轻盖，并用镊子柄轻压，以防产生气泡。若操作过程已产生气泡，可将玻片在酒精灯上烘烤，或用烧热的解剖针烫除气泡。

（9）干燥

制好的玻片，放入40℃的烘箱7 d至充分烘干。

（10）贴上标签

左侧标明寄主、采集时间、地点及采集人，右侧注明种群学名及鉴定人。然后装入玻片盒内即可长期保存。通过以上方法步骤，获得理想的粉虱伪蛹永久玻片标本。

（二）葡萄根瘤蚜标本采集与制作

1. 材料准备

（1）水合三氯乙醛酚混合液

将一定量的苯酚晶体放入烧杯中60～80℃水浴加热至苯酚溶解为液体，再向烧杯中徐徐加入等量的水合三氯乙醛，混合均匀即可。

（2）阿拉伯胶混合液

将30 g阿拉伯胶粉放入烧杯缓慢加入50 mL蒸馏水并搅拌，并将烧杯水浴加热，并缓慢加入水合三氯乙醛200 g，搅拌均匀最后加入甘油并搅拌混匀，倒入细颈瓶中，盖上玻塞，放入60℃温箱24 h，并在温箱中用洁净玻璃棉和纱布过滤，避光保存。

实体显微镜、载玻片、盖玻片、纱布、滤纸、拨针、拨铲

（扁形的9号昆虫针）、毛笔、显微镊和玻璃皿等。

2. 标本制作

（1）虫体透明

淡色蚜虫，可经酒精热处理后移入装有水合三氯乙醛酚混合液的玻璃器皿内，水浴加热3～10 min；深色蚜虫，先在10%KOH溶液中水浴加热1～5 min，然后在水合三氯乙醛酚混合液中水浴加热3～5 min。

（2）虫体制片

干净的玻片中央滴少量阿拉伯胶混合液（够展姿用即可）用小毛笔笔尖将蚜虫标本从水合三氯乙醛酚混合液中捞出并用滤纸吸去表面混合液，放入胶液。

显微镜下用昆虫针整姿并去除气泡。在25℃放置18 h，待胶液表面干燥、蚜体已被固定时再加足胶液。将干净的盖玻片从蚜虫后部向前接触液面，缓慢盖下。

制好的玻片放入50℃烘箱（12～24 h）进行干燥，之后将蚜虫玻片标本装入玻片盒中长期保存。

（三）蚧类标本采集和制作

1. 材料准备

实体显微镜、水浴锅、大头针、小镊子、文具刀、针灸针、载玻片、盖玻片、滴管、10%KOH、酒精（75%、90%、100%）、丁香油、加拿大树胶、酸性品红。

2. 标本制作

将活体雌蚧成虫投入75%乙醇。蚧虫玻片标本制作按"杀死—

固定—透明—染色—脱水—封片"6个步骤完成，尽量选择蚧虫密集或数量较多的部位，连同寄主组织采下。标本保存一般包括两种方式，即干燥标本或浸渍标本。

（1）干燥标本

将蚧虫连同其寄主一同放入50℃干燥箱内数小时，直至标本干燥为宜。然后放入装有防虫、防霉剂和干燥剂的玻璃瓶内，贴记好采集记录标签即可长期保存。保存期间需隔年进行一次干燥保养。干燥保存的标本，通常适用于粉蚧科及盾蚧科等，固着在寄主植物上不易脱落的蚧虫种类。

（2）浸渍标本

将蚧虫连同寄主植物一起，放入事先配制好的浸泡液中密封保存（图20）。浸泡标本一般适用于粉蚧科或珠蚧科等容易与寄主植物脱离的蚧虫种类。

（3）做好标记

采集的蚧虫标本，其标签记录的内容，应作原始资料列档保存。标签的记录内容也应同一般野外采集的蚧虫有所区别。

图20 吹绵蚧及其寄主

采集标签内容包括寄主植物名称、寄主来源国及产地、寄主植物收货地、采集地点、日期、采集人。

鉴定标签内容包括虫种学名、异名、签定日期、鉴定人。

标本记录卡是以后追寻检疫性蚧虫，是否传入或输出的原始根据，也是历史性资料之一。因此，除具有采集标本的标签记录内容外，应尽量详细记录检疫现场的情况。例如寄主植物上的寄生部位、为害程度、被害状等蚧虫体外部特征描述，虫种鉴定的依据、步骤，检验后采取的处理措施等。

（四）蚧虫玻片标本制作

1. 材料准备

10%KOH、无水乙醇、冰醋酸、酸性品红、加拿大树胶、丁香油、滴管、凹玻片、表面皿、玻璃小瓶、盖玻片、干燥器等。

采获的蚧虫标本剔除虫体有孔洞或虫体污浊现象的个体。有些种类发育后期的雌成虫若体壁变硬，需选择脱皮不久的虫体用于制作玻片标本。采集时尽量采全同一物种的各虫态，因全世代虫态标本有利于充实形态描述的内容，或作为种类鉴定时的参考依据。

2. 标本制作

蚧虫玻片标本的制作方法多样，这些方法虽各有不同，但多是大同小异。

（1）杀死固定

小型蚧虫直接投入装有75%酒精的青霉素小瓶（10 mL）内进行保存和固定1 h以上。

（2）净化

将标本转移入盛有10%KOH溶液中80℃水浴加热20 min，期间用细针（0号）在腹部和背部各刺1个小孔或用牙签的粗头轻压雌成虫到瓶底，清除虫体内含物，直至虫体透明。

（3）漂洗

经KOH处理的标本，用酸性酒精或清水漂洗，用滴管将雌成虫转移到酸性酒精（酸性酒精配置：冰醋酸20 mL，蒸馏水45 mL，95%酒精50 mL）内，漂洗20 min。

（4）染色

将雌成虫转移到盛有酸性品红溶液的表面皿或凹玻片上染色超过2 h。

（5）脱水

将雌成虫转移至75%、90%、100%酒精中各10 min，逐级脱水。

（6）透明

用滴管轻轻将雌成虫转移到丁香油中20 min。

（7）整姿封盖

将成虫转移至载玻片，趁香柏油未干时立刻整理姿式，然后加1滴液体加拿大树胶，将盖玻片尽量放低，轻轻盖上。

（8）干燥

玻片制好后置于晾片盘中，用40～50℃烘箱烘干燥3周或置于室内自然晾干，贴上标签。头向朝上，左端贴制作标签，标明制作时间、地点、寄主植物和制作人等信息。右边贴上鉴定标签，写明玻片编号、中文名、拉丁名、鉴定人等信息（图21至图22）。

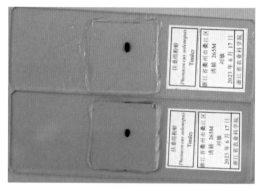

图21　扶桑棉粉蚧玻片标本

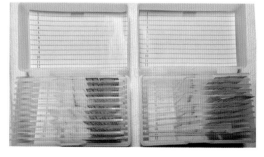

图22　不同发育阶段的扶桑棉粉蚧玻片标本

六、膜翅目昆虫标本的制作

膜翅目外来入侵生物主要包括红火蚁*Solenopsis invicta* Buren、苜蓿籽蜂*Bruchophagus roddi*（Gussakovskii），其标本制作方法如下。

（一）标本采集

1. 采集工具

采集工具包括捕网、钳、起子、显微镊、螺丝刀、排刷、手电筒、不同尺寸装有酒精的带盖玻璃瓶、指形管、标签纸、签字笔等。

2. 采集方法

以红火蚁为例，一是在红火蚁活动盛期根据红火蚁活动痕迹进行采集。二是食物诱集。在红火蚁发生期用火腿肠进行诱集。三是挖巢，最好保持巢的完整性，可用来养殖或制作标本。

用螺丝刀轻轻拨开泥线，用镊子迅速轻轻夹起兵蚁、工蚁放入到事先准备好的装有75%酒精的带盖玻璃小瓶中。用排刷旋转着转入蚁路，有些工蚁、兵蚁会随着排刷的毛被带出，用细头眼科镊子迅速捏进玻璃瓶中。有些随蚁路被挑开掉落到地上的红火蚁，用蘸有酒精的镊子将其黏住放入玻璃瓶中。采集的红火蚁带回实验室后迅速清洗并放入纯酒精中，做好标签记录，以备形态学观察和分子鉴定用。

> **注意事项**
>
> 一般兵蚁、工蚁的采集可用诱饵法。在红火蚁发生区，设置火腿肠诱饵，待红火蚁成群觅食时尽快采集。采集标本时要动作敏捷，以防红火蚁逃逸。注意动作轻盈，尽量不要破坏红火蚁个体的完整性。二是采集过程中，蚁王、蚁后一般很难采集到，若发现较多的卵、幼蚁，可扩大范围，用铲子、螺丝刀等工具挖开蚁巢，试着找到蚁王、蚁后。三是采集过程中，注意自身安全。

（二）标本制作

1. 材料准备

垫板、泡沫胶（用香蕉水溶解白色泡沫而成）、酒精（40%和75%）、指形玻管、脱脂棉、红火蚁（最好活体内）、眼科镊（专门用于红火蚁的镊子）、起子、培养皿、标签纸、硫磺纸（在酒精中字迹不会掉）、签字笔、带盖玻璃瓶、指形管。

2. 标本制作

红火蚁属于体型细小、体壁柔弱的昆虫，故多采用液浸标本保存，一般采用酒精浸泡。酒精能够使标本脱水、硬化组织、防止标本腐烂。

将初采获的红火蚁进行75%酒精浸泡保存。在浸泡初期，注意标本的脱水过程，可在1周后及时更换新的75%酒精。若浸泡的标本有很多杂物，可将初采集的标本倒入培养皿内，用酒精漂洗1~2遍，剔除杂物后再浸泡。清洗干净的红火蚁标本放入干净的玻璃小瓶或指形管中，倒入75%酒精浸泡保存（图23）。

将标本和相关信息配套保存，并制作标本信息登记，便于核对、查找；根据标本采集时间或地点将红火蚁标本归类排放，各种类型的标本，摆放整齐，方便查

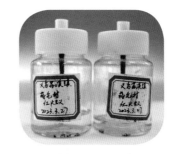

图23　红火蚁浸渍标本及玻片标本

找。也可用指形管将标本分装后放入大玻璃瓶内，换酒精时，换大瓶酒精即可，操作方便。

具体还可以进行如下制作方法：首先，将白色垫板剪成长6 cm、宽1 cm的长条。将红火蚁放入20%酒精中麻醉，放在吸水纸上，除去体表水分。

其次，小垫板的适当位置，点上少许泡沫胶，胶液的面积低于虫体的一半，迅速将麻醉的红火蚁腹部放于胶液面，并用摄子轻压腹部，小心地将红火蚁的足、触角、翅等整理成自然状态，保持原有的姿态。经3 min后，胶液即干固。

　　再次，将粘有红火蚁的底板放入指形管中，先注入40%酒精，1 h后换上75%酒精，并在底板背面填塞少许脱脂棉，封紧管口。

　　最后，根据不同要求将几管标本装入标本盒，制成陈列标本。

　　根据红火蚁保存的目的确定红火蚁保存的方式。75%酒精可用于一般标本的浸泡保存，可保持标本不变形；乙醇酒精，主要用于标本以后的分子鉴定，可最小程度地降低DNA的降解程度；梯度酒精脱水，酒精浓度从低到高逐级脱水，一般为：50%→70%→80%→95%→无水乙醇（2次），每级停留时间2～4 h或更长，脱水效果最好，可有效防止标本组织细胞变形太大。由于酒精易挥发，在标本制作好后，时隔半年或1年查看酒精剩余量，及时进行补充。

七、鳞翅目昆虫标本的制作

鳞翅目的外来入侵生物主要包括草地贪夜蛾*Spodoptera frugiperda*（Smith）、苹果蠹蛾*Cydia pomonella*（Linnaenus）、番茄潜叶蛾*Tuta absoluta* Meyrick、马铃薯块茎蛾*Phthorimaea operculella*（Zeller）、椰子织蛾*Opisina arenosella* Walker。

因鳞翅目昆虫翅较大，为了便于观察和研究，针插后需进行展翅。具体方法是如下。

将插好针的虫体放进展翅板沟槽（或泡沫板沟槽）内，针尖插在展翅板上，用显微镊调整并固定虫体姿势，先展前翅，再展后翅；一般鳞翅目昆虫使两个前翅后缘与躯体呈90°，后翅的中线与躯体呈45°，再调整触角等附肢，最终使虫体和翅膀处于一个平面，头、胸、腹呈一条直线，触角与翅等两侧对称。

野外采集的蛾类暂存于三角纸袋，自然晾干后带回，便于保存和携带。回到实验室，将三角纸袋包裹的虫子放进回软缸进行回软，待触角、足、翅变柔软，制作、调整成理想的姿态。回软缸（又称"干燥器"），缸底放水，起到增加湿度的作用；在带孔的瓷板上放干燥剂，以便干燥虫体。回软的时间应根据季节、天气、虫体大小等因素综合考虑，所以标本放进缸内后要经常检查，以免因回软时间过长、回软过度导致翅膀黏结或发霉（图24）。

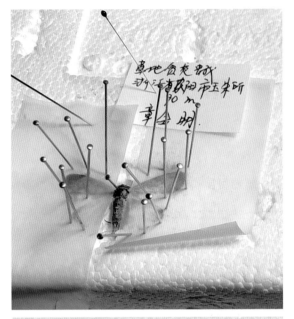

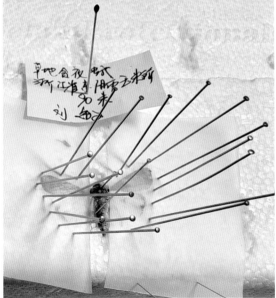

图24 草地贪夜蛾针插标本

八、缨翅目昆虫标本的制作

外来入侵缨翅目昆虫是蓟马，由于该物种形体非常微小，难以将其形态特征用肉眼直接区分。因此，标本采集和玻片制作成为研究工作者的一项重要任务。

（一）标本采集

将潜藏蓟马的花、果、叶、穗等掐下或用枝剪剪下，装入塑料自封袋。不同寄主应分装拿回实验室，将寄主上的蓟马抖落于硬纸板。用浸蘸浸液的小毛笔将蓟马轻粘到笔头，然后漂入指形管内杀死固定，保存。

（二）蓟马标本制作

1. 材料准备

10%NaOH、无水乙醇、中性树胶、加拿大胶；剪刀、自封袋、硬纸板、小毛笔、指形管、显微镜、胶头滴管、酒精灯、载玻片、盖玻片、玻片盒等。

2. 标本制作

在显微镜下，观察其细微特征是分类鉴定的重要一环，因此若、成虫制作玻片标本以便研究应用。

（1）浅色标本

从上述指形管中取出标本，用胶头滴管移入干净的医用注射液小瓶，吸"干"浸渍液，滴入10%NaOH放在酒精灯上加热10~30 min，使虫体透明、变软。然后将虫体移入95%乙醇中脱水10~30 min，再移入100%乙醇中脱水5 min，之后直接用中性树胶或加拿大胶封片。凉干后，保存于玻片盒中。

（2）深色标本

将标本装入盛有少许10%NaOH的注射液小瓶内，加热褪色1~2 h（要视虫体大小、颜色深浅而定，体大色深时间较体小色浅的长，标本脱色后漂去10%NaOH，再依次放入75%、95%、100%的酒精液中缓慢脱水，各级脱水5~10 min，在100%的乙醇中脱水时间不宜过长，以免虫体变脆，最后滴胶封片。

九、新型标本的制作

用环氧树脂制作的琥珀标本，由于透明度高、保存时间长、造型美观而受到欢迎。环氧树脂AB胶又被称为"水晶滴胶"，是一种由环氧树脂和固化剂组成的双组分高分子材料，具有透明度高、不污染环境、无毒、硬度高、黏度低、成本低廉等诸多优点，近几年来在琥珀标本制作方面得到了广泛的应用。用这种胶制作的标本，具有其他琥珀标本的各项优势，且比常规的琥珀标本韧性好、不易碎，具有很好的审美和保存价值。这种胶尤其适用于小型昆虫制作，可呈现精美、晶莹剔透视觉效果，观赏性高，制作简单，日益受到昆植保工作者和爱好者的青睐。

1. 材料准备

环氧树脂（水晶胶）、硅胶模具、培养皿、显微镊、细毛刷、塑料烧杯、玻璃棒、恒温干燥箱、电子天平等。

2. 标本制作

（1）环氧树脂AB胶的配制

称取A胶适量，置于烘箱（60℃）中加热10 min左右至气泡消失。称取B胶，将AB胶以质量比3∶1混合，用玻璃棒搅拌15 min左右，静置至气泡完全消失。

（2）包埋前准备

将待包埋的昆虫标本进行固定、整肢，干燥保存。利用真空抽气（昆虫放入模具前）的方法抽去标本体内的空气，并迅速将标本浸入单体1 h左右，让标本与生单体完全融合。

（3）标本的包埋

在洁净的模具中先倒入1/3层的AB胶，然后小心地放入固定好的昆虫标本，再继续注入AB胶至所需高度；或将昆虫标本事先固定于模具底部，再注入AB胶。操作过程中若出现气泡，可用昆虫针挑出。将包埋好的标本模具放在水平台上，静置5～24 h，至树脂完全固化为止。

（4）脱模与修形

待AB胶完全固化后卸除模具，便得到琥珀标本。因表面张力导致标本边缘不平整、不光滑、留有一圈锋利的突起，需经细砂轮打磨，再用抛光剂、牙膏软皮将其磨光修整成形即可；若有凹陷，可继续用滴胶补至平整。

第二部分

外来入侵植物标本的采集与制作

一、植物标本的类型

1. 植物标本

植物标本是指将新鲜植物的全株或一部分器官用物理或化学方法处理后保存的实物样品。植物标本存储着植物物种的大量信息，例如形态特征、地理分布、生态环境和物候期等，是植物分类和植物区系研究必不可少的科学依据，也是植物资源调查、开发利用和保护的重要资料。本图册植物标本采集与制作方法部分章节以本土植物为例描述，但均适用于外来入侵植物，外来植物标本是外来植物相关研究的重要凭证之一。

2. 植物标本的类型

植物标本按制作方法可分为液浸标本、腊叶标本、玻片标本、种子标本及浇制标本等；按标本部位可分为叶脉标本、果实标本和种子标本（图25至图28）。

图25　液浸标本

图26　种子标本

图27　浇制标本

图28　玻片标本

　　较为常见的植物标本是腊叶标本。该标本又称压制标本，通常是将新鲜的植物材料样品用吸水纸压制，使之干燥，装订在白色硬纸上（台纸）制成的标本。腊叶标本对于植物分类工作意义重大，一些大型的植物标本馆往往收藏百万份以上的腊叶标本，是植物学家和植物学科技工作者开展研究的重要基础性资料（图29、图30）。

图29　腊叶标本

图30　腊叶标本

二、植物标本的采集

1. 采集工具

植物标本的采集时标本制作的前提。采集标本之前需要准备好相关采集工具，主要包括标本夹、标本纸、采集袋（塑料袋）、枝剪、掘根铲、号牌、标签、台纸、盖纸、镊子、铅笔等（图31）。

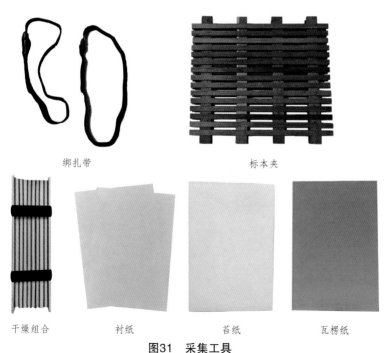

绑扎带   标本夹

干燥组合   衬纸   苫纸   瓦楞纸

图31　采集工具

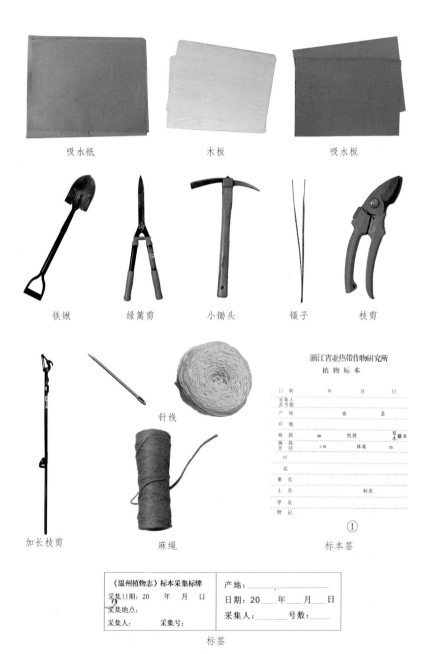

吸水纸　　　　　　木板　　　　　　吸水板

铁锹　　绿篱剪　　小锄头　　镊子　　枝剪

针线

加长枝剪　　　　　麻绳　　　　　　标本签

标签

图31　采集工具（续）

2. 采集原则

标本的采集要求取决于采集的目的，对于用于学习、研究所用的标本，一般来说，采集时应注意下列9点。

（1）采集时应选择生长发育正常，无病虫害，且具该种典型特征的植株作为采集对象，采集时保留花果。对于个体大的乔木、灌木等植株可采集植物体的一部分，剪取或挖取带花、果的枝条（图32至图33）。

图32　秋茄枝条（虫害）　　　　图33　秋茄枝条（正常）

（2）通常植物的花、果是物种分类学上鉴定的重要依据，采集标本时须选择带花果的枝条或植物体来采；倘若一根枝条上仅有一花或花数量较少时，可多采同株植物上一些短的花果枝，经干制后置于纸袋内，附在标本上；若待采集的植物是雌雄异株，应力求两者皆能采到，有利于后期的研究（图34至图39）。有些外来植物

图34　翅果菊（瘦果每面具1细纵纹）

目前在我国仅发现雌株或者雄株，有些外来植物在我国或国内某地区仅发现营养体，而未见实生苗，对于这类外来植物或植物标本，如雌雄植物标本或实生苗标本则成为该物种研究的重要凭证材料。

图35 台湾翅果菊（瘦果每面具3细纵纹）

图36 滨枸（雄花）　　　　　图37 枸木（雌花）

图38 粉绿狐尾藻（雌株）　　　图39 粉绿狐尾藻（雄株）

（3）对于木本植物，采集时应采典型、有代表性特征、带花或果的枝条。对于同一植株上先开花后长叶的植物，应先采花，后采枝叶，花、叶应在同一植株上；雌雄异株或同株的植物，雌、雄花应分别采取。一般应有二年生的枝条，因为二年生的枝条较一年生的枝条具多种不同特征，同时还可见该物种芽鳞的有无和数量。若是乔木或灌木，须保留标本的尖端，以便区别于藤本植物（图40至图45）。

图40　玉兰（花）

图41　玉兰（叶片、果实）

图42　檫木（花）

图43　檫木（枝条、叶片）

图44　木莲
（枝条上具托叶环痕）

图45　含笑属植物（枝条上具托叶环痕）

（4）对于草本植物，一般应采集到地下部分如根茎、匍匐枝、块茎、块根或根系等，以及开花或结果的全株；若植株有鳞茎、块茎，应当采集到鳞茎、块茎，由此可判断该植物是多年生或一年生，有助于鉴定（图46至图48）。

对于小型草本植物应采集全株。

对于细长的或者较大的植株，采下后可折成"V"或"N"字形，然后再压入标本夹内，也可选其形态上有代表性的部分剪成上、中、下3段，分别压在标本夹内。

对于基生叶和茎生叶不同的植物，要注意采基生叶。

图46　苦草（匍匐茎）　　　图47　矮慈姑（球茎）

图48　加拿大一枝黄花（折成"N"或"V"形）

（5）对于蕨类植物，采集时应选择孢子成熟的植株，并尽量保持植株的完整性，即包括地下茎、不定根、成熟叶片、幼叶、孢子囊群等（图49至图52）。

图49 阔片乌蕨

图50 阔片乌蕨（孢子）

图51 水龙骨

图52 水龙骨（孢子）

（6）对于藤本植物，一般应剪取中间一段，在剪取时应注意表示它的藤本性状（图53至图55）。

图53 管花马兜铃　　图54 羊角藤　　图55 鹰爪枫

（7）对于寄生植物，采集时应保留寄主的部分（图56至图58）。

图56　野菰

图57　假野菰

图58　菟丝子属植物

（8）采集标本时，首先要考虑需要哪一部分或哪一枝和要采多大最为理想，标本的尺度是以台纸的尺度（一般长42 cm，宽29 cm）为参照。每种植物应采若干份，一般至少采两份。

（9）每采好一种植物标本后，应立即牢固地挂上号牌，做好相应记录，号牌须用铅笔填写，其编号必须与采集记录表上的编号相同。

3. 植物标本采集步骤

采集标本时，选择合要求的植株，依次完成下列步骤。

（1）初步修整，去掉部分枝、叶。

（2）挂上标签，填上编号等。记录采集号、采集时间、采集者、采集地点。

（3）暂放塑料采集袋中，待到一定量时，集中压于标本夹中。

（4）采集时应注意同株或同类植物至少采两份，用相同的采集号标记。如有的植物需要开花结果后再采，应记录所选植株坐标，留以标记。同种不同地点的植物应另行编号。种子、苞片等植物的散落物装另备小纸袋中，并与所属枝条同号记载，影像记录与枝条所属单株同号记载。有些不便压在标本夹中的肉质叶、大型果、树皮等可另放，但注意均应挂签，编号与枝相同。

（5）采集时注意有毒性、易过敏植物种类，避免损伤身体，如蝎子草、漆树等，采集时应做好防护。

（6）采集时注意爱护资源，尤其是稀有种类，采集标本做到不破坏资源。

4. 特殊植物标本采集注意事项

（1）棕榈类植物

棕榈类植物大多有大型的掌状叶和羽状复叶，可只采一部分，这一部分要恰好能容纳在台纸上，但是，应当把植株的高度、茎的粗度、叶的长度和宽度、裂片或小叶的数目、叶柄的长度等记在采集记录表上。

棕榈类的花序也很大，不同种的花序着生的部位也不同，有的生在顶端，有的生在叶腋，有的生在由叶基造成的叶鞘下面等，如果不能全部压制时，也应当详细地记下花序的长度、宽度和着生部位等信息（图59至图60）。

图59　蒲葵　　　　　　　　　　图60　蒲葵模式标本

（2）水生植物

　　水生植物种类有的有地下茎，有的种类叶柄和花柄随着水的深度增加而增长，应采一段地下茎用以观察叶柄和花柄着生的情况。有的的水生植物茎叶非常纤细、脆弱，露出水面后叶片粘贴重叠，采集时成束捞起，用湿纸包好带回，放在盛有水的器具里，恢复原状后，用一张报纸，放在浮水的标本下面，把标本轻轻地托出水平，连纸一起用干纸夹好压起来，压好标本以后勤换纸，直到把标本的水分吸干为止（图61至图63）。

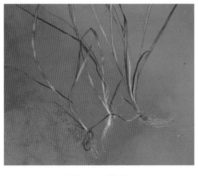

图61　苦草　　　　　　　　　　图62　鸡冠眼子菜

图63　圆叶挖耳草

（3）寄生植物

对于寄生在其他植物体上的植物，例如菟丝子、槲寄生、桑寄生等，因其寄生在其他植物体上，采集时，需连所寄生的部分同时采下，把寄主的种类、形态同寄生的关系等记录下来（图64至图65）。

图64　寄生于禾本科植物的野菰　　图65　寄生于红树植物上的桑寄生植物

5. 植物标本采集野外记录

野外每采集一种植物标本时需填写一份采集记录表，记录表可自制。记录的主要内容包括采集时间、采集地点、生长环境等信息，填写植物的根、茎、叶、花、果时，应尽量填写一些在经过压制干燥后，易于失去的特征，如颜色、气味、是否肉质等。

野外记录信息通常如下。

- 采集编号
- 采集时间
- 采集地点
- 海拔
- 生长环境
- 叶片　　　颜色、气味等
- 花　　　　植物花的原色、气味等
- 果实　　　果实颜色、形态、是否具乳汁、乳汁的颜色等
- 茎　　　　茎的形态，如匍匐、直立、攀缘，是否有乳汁、
　　　　　　乳汁的颜色等
- 根　　　　是否有气味、乳汁等
- 采集人

采集标本时，参考以上采集记录的格式填好后，应用带有采集号的小标签挂在植物标本上，注意检查采集记录上的采集号数与小标签上的号数是否相符。同一采集人采集号要连续不重复，同种植物的复份标本要编号一致。

6. 植物标本野外采集技能

野外采集植物标本时，要了解植物生长的环境、形态特征还要了解植物与环境之间的相互关系。随着季节的不同，植物生长发育的阶段存在差异，即便在同一季节，各种植物生长发育的阶段也不是完全相同的，可能有的植株正在开花，有的已经结果，有的还处于营养生长阶段。在野外观察植物时，注意以下内容。

（1）植物生长环境

包括地形、坡度、坡向、光照、水湿状况，以及人为活动、动物活动情况等。

（2）植物习性

是草本还是木本，如果是草本，是一年生、二年生还是多年生；如果是木本，是乔木还是灌木或半灌木，是常绿植物还是落叶植物。要注意是肉质植物还是非肉质植物，是陆生植物、水生植物还是湿生植物，是自养植物，还是寄生或附生植物、腐生植物。此外，还要注意植物是直立、平卧、匍匐、攀缘或缠绕等形态。

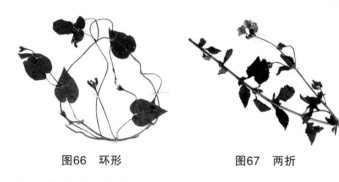

图66　环形　　　　　　　　　图67　两折

（3）植物形态特征

典型的种子植物包括根、茎、叶、花、果实和种子等6部分。观察植物时可借助放大镜，要注意植物各部分所处的位置，以及它们的形态、大小、质地、颜色、气味，其上有无附属物以及附属物的特征，折断后有无浆汁流出等。对根、茎、叶、花、果实观察时应注意。

根：是直根系还是须根系，是块根，是气生根，还是寄生根。

茎：是圆茎、方茎、三棱形茎还是多棱形茎，茎是实心还是空心，茎之节和节间明显否，是匍匐茎还是平卧茎、直立茎、攀缘茎或缠绕茎。是否具有根状茎，或块茎、鳞茎、球茎、肉质茎。

叶：是单叶还是复叶；复叶是奇数羽状复叶，偶数羽状复叶、二回偶数羽状复叶，还是掌状复叶，是单身复叶还是掌状三小叶、羽状三小叶等。叶片着生方式是对生、互生、轮生、簇生、基生。叶脉是平行脉、网状脉、羽状脉、弧形脉还是三出脉。叶的形状如何，叶基、叶尖和叶缘形状如何，是否具有托叶，以及是否有无附属物等。

花：花是单生还是组成花序，若是花序，是什么类型的花序。花是两性花、单性花，还是杂性花，如果是单性花应观察雌雄同株还是异株。观察花萼与花瓣有无区别，是单被花还是双被花，是合瓣花还是离瓣花。雄蕊是由多少枚组成，排列方式怎样，是否合生，与花瓣的排列是互生还是对生，有无附属物或退化雄蕊存在；是单体雄蕊、四强雄蕊、二强雄蕊、二体雄蕊，还是聚药雄蕊等。雌蕊心皮数目，合生还是离生，胎座类型、胚珠数量、子房形状，子房是上位还是下位、半下位；花柱、柱头的形态，以及是否分裂等。

果：明确分清果实所属的类型，其次是大小，附属物的有无，果实的形状的观察。

以上所述是对种子植物观察的一般方法，但对于木本和草本的特殊之处还需要注意。

观察木本类型时，应注意树形；树皮的颜色、厚度、平滑和开裂，开裂的深浅和形状等都是识别木本植物的特征；树皮上的皮孔的形状、大小、颜色、数量及分布情况等；同时，还要注意观察木本植物枝条的髓部，了解髓的有无、形状、颜色及质地等茎或枝上的叶痕形状，维管束痕（叶迹）的形状及数目，芽着生的位置或性质等。

在观察草本植物时，应注意植物的地下部分，有些草本植物具地下茎，一般地下茎在外表上与地上茎不同，常与根混淆，在观察草本植物的地下部分时，要注意地下茎和根的特殊变化。

三、腊叶标本的制作

1. 压制工具

常用压制工具如下（图68至图72）。

图68　吸水纸

图69　瓦楞纸

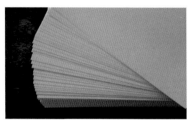

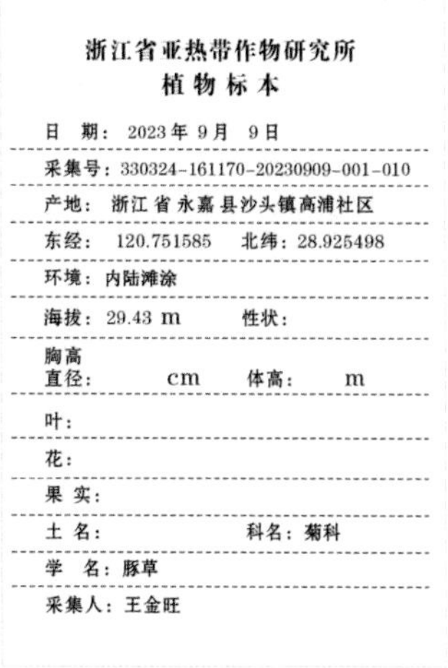

浙江省亚热带作物研究所
植　物　标　本

日　期：　2023 年　9 月　9 日

采集号：330324-161170-20230909-001-010

产地：浙江省永嘉县沙头镇高浦社区

东经：　120.751585　　北纬：28.925498

环境：内陆滩涂

海拔：29.43 m　　性状：

胸高
直径：　　　cm　体高：　　　m

叶：

花：

果实：

土　名：　　　　科名：菊科

学　名：豚草

采集人：王金旺

图70　记录签

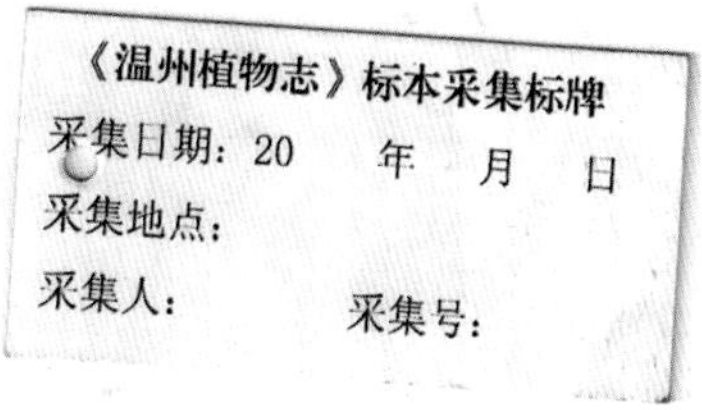

《温州植物志》标本采集标牌

采集日期：20　　年　　月　　日

采集地点：

采集人：　　　采集号：

图71　采集签

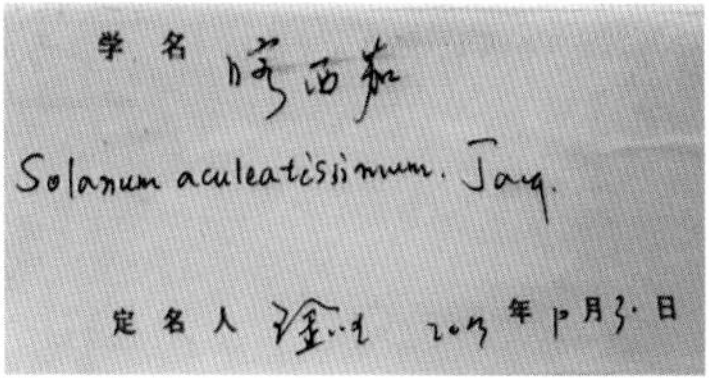

学　名　豨莶菊

Solanum aculeatissimum. Jacq.

定名人 徐跃　203年1月3日

图72　鉴定签

2. 压制标本

在野外将植物标本采集好后，如果方便可就地进行压制，也可带回室内压制。若将标本带回压制时，需及时制作，尤其是草本植物采集后若不及时压制，时间稍长会导致标本萎蔫卷缩，增加压制时的麻烦，影响标本的质量。

对一般植物，采用干压法，把标本夹的两块头板打开，用有绳的一块平放做底，上面铺上4～5张吸水纸，放上采集的材料，盖上2～3张纸，再放上一枝标本，放标本时应注意把标本梳理整齐平坦，不要把上、下两枝标本的顶端放在夹板的同一端；每枝标本都要有一两张叶片背面朝上。

叠放几份标本后，可放置一张瓦楞纸，便于标本干燥。

待标本叠放到一定的高度后，放上另一块不带绳子的夹板，将两块夹板绑牢。

在压制中，标本的任何一部分都不要露出纸外，花果比较大的标本压制时常常因为突起而造成空隙，使一部分叶子卷缩起来，在压这种标本的时候，要用吸水纸折好把空隙填平，让全部枝叶受到同样的压力。

新压的标本，经过0.5～1 d就要更换一次吸水纸，以免标本腐烂，发霉，换下来的湿纸，必须晒干、烘干或烤干，预备下次换纸的时候用。

换纸的时候要特别注意把重压的枝条，折叠着的叶和花等小心地展开、整好，如果发现枝叶过密，可以疏剪去一部分。有些叶和花，果脱落了，要把它装在纸袋里，保存起来，袋上写上原标本的号码。

标本压上以后，通常经过1周左右时间就会完全干燥。标本压制过程中，也可借助标本烘干箱进行烘干。针叶树标本在压制当中，针叶容易脱落，为防止发生这种现象，标本采集后放在酒精或沸腾的开水里浸泡一会儿。多肉的植物，例如石蒜类、百合类、景天科、天南星科等植株，标本不容易干燥，通常要压制1个月以上，有的甚至在压制当中还能继续生长，因此在标本压制时先用开水或药物处理一下，消灭它的生长能力，然后再压制，但花是不能放在沸水里浸泡。

在压制一些肉质而多髓心的茎和肉质地下块根、块茎、鳞茎及肉质而多汁的花果，可以将其剖开，选择具有代表性的一部分进行压制，同时把形状、颜色、大小、质地等详细地记录下来。

标本压制干燥后，要按照号码顺序将其整理好。

3. 标本消毒

腊叶植物标本消毒的目的是杀死标本上的细菌、真菌、等病原物及各种昆虫、虫卵，避免标本受损。

通常的消毒方法有物理消毒和化学消毒两种方式。常见的物理消毒方法包括紫外线消毒法、高压蒸汽消毒法、低温冷冻消毒法；化学方法包括升汞酒精溶液消毒法、熏蒸法等。

（1）紫外线消毒法

紫外线可杀灭各种微生物，但紫外线辐照能量低，穿透能力弱，仅能杀灭直接照射的微生物，消毒时需将消毒部位充分暴露于紫外线下。紫外线消毒适宜的温度范围是20 ~ 40℃，温度过高或者过低均会影响消毒效果，可适当延长消毒时间。

（2）高压蒸汽消毒法

在103.4 kPa蒸汽压下，温度达121.3℃，维持15 ~ 20 min即可杀灭包括芽孢在内的微生物以及其他有害生物虫卵等，但高压灭菌锅容积有限，这种方式不便用于大量标本消毒，但对于果实等小体积标本的消毒较好。

（3）低温冷冻消毒法

可把干燥的标本放入-18℃以下的低温或超低温冰箱中，杀死有害生物。一般在-50℃以下的冰箱维持24 h即可，在-30℃冰箱至少需要72 h以上；在-18℃冰箱，一般至少需要冷冻一周以上才能达到杀灭效果。为防止标本在冰箱受潮，在放入冰箱之前，标本包装在不透气的塑料密封袋中。

（4）升汞酒精溶液消毒法

通常使用1%对的升汞酒精溶液进行消毒。消毒时，可用喷雾器直接喷洒于标本上，或者将标本浸泡于升汞酒精溶液中5 min，可起到消毒效果，同时也可清洗标本。但升汞有剧毒，操作过程中须做好防护措施，使用过程中禁止使用金属制品，可用瓷器、玻璃容器和竹制镊子。此外，升汞消毒的标本需做好标注，提醒标本查阅人员和标本管理人员使用注意做好防护，该方式现在使用的较少。

（5）熏蒸法

把标本放进密闭消毒室或消毒箱，将四氯化碳、二硫化碳、二氧化硫、磷化铝、溴甲烷等熏蒸剂单独或混合液置于玻璃器皿内，毒气熏杀标本，大约3 d即可。消毒人员须做好防护措施。若是上台纸后的标本熏蒸，多用磷化铝熏蒸，需注意密封和安全提示。

4. 标本后期制作

干燥后的标本需要上台纸，可采用缝制的方式。标本上了台纸后，要把已抄好的野外记录表贴在左上角，要注明标本的采集人、采集地点、采集日期等。野外记录表、标本标签卡片的号码要相同。标本鉴定标签一般粘贴在标本右下角。标本鉴定签一般包括学名、中文名、鉴定人、鉴定日期等信息（图73、图74）。

図73 鉴定签   図74 记录签

浙江省亚热带作物研究所
植 物 标 本

日　期：2023 年 9 月 9 日
采集号：330324-161170-20230909-001-010
产　地：浙江省永嘉县沙头镇高浦社区
东经：120.751585　北纬：28.925498
环境：内陆滩涂
海拔：29.43 m　　性状：
胸高
直径：　　cm　　体高：　　m
叶：
花：
果实：
土 名：　　　　科名：菊科
学 名：豚草
采集人：王金旺

5. 标本的保存

植物标本的保存很重要，在潮湿而昆虫多的地方，应特别重视。贮藏标本的地方必须干燥通风。植物标本容易受虫害，对于这类虫害，一般用药剂来防除。

标本柜有金属制、木制标本柜（图75）等。标本柜内分成若干格，以活板相隔。凡经上台纸和装入纸袋的植物标本，应放进标本柜中保存。为了减少标本的磨损，入柜的标本最好用牛皮纸做成的封套，在封套的右上角写上属名，以便查阅。

图75　标本柜

标本排放一般按分类系统排列，有恩格勒系统、哈钦松系统等将各科进行排列顺序。每科编以一个固定的号，把编号、科名及科的拉丁名标识于标本柜门上，科内属级按拉丁文字母顺序编排。

日常管理标本柜的每格内可放樟脑防虫剂，以防虫蛀。可以用空调控制温度、湿度。

注意事项

应爱惜标本，遵守标本使用管理规定。在使用标本的时候，顺着次序翻阅以后，要按照相反的次序，一份一份地翻回，查阅标本尤其是原来收藏在标本橱里的标本，查阅完毕之后必须放回原处。

查阅标本的时候，如果贴着的纸片脱落了，应该把它照旧贴好。

在查阅标本的时候，未经允许不能破坏标本，如收集标本上的叶片、花果等材料。

查阅标本时，注意标本注明"涂毒"等字样的标本，做好相应防护。

四、浸渍标本的制作

用化学药剂配制的保存液将植物浸泡起来制成标本。多见于植物的花、果实，以及幼嫩、微小、多肉的植物。用该方法制作的标本可保持植物原有的形态、颜色，适用于教学和展览，也可用于科研（图76）。

图76　浸渍标本

浸渍标本制作常用到如下材料：乙醇、甲醛、冰醋酸、硫酸铜（醋酸铜）、氯化锡、蒸馏水、亚硫酸、硼酸、福尔马林溶液、石蜡、松脂等。水浴锅、研钵、标本瓶、浸泡缸、烧杯、玻璃棒、量筒等。

采集新鲜完整的植物标本，尽快进行制作。制作前将烂叶、黄叶、破叶、病叶、凋萎的花果等去除，去除过于密集的叶片，修剪时注意留下叶柄，保持植物完整性。将新鲜标本洗净泥沙并消毒，5 min后冲洗干净，再放入蒸馏水中浸15 min，然后再冲洗2~3遍，使叶片的表面清洁干净为止。若植物发生萎蔫，可置于冷水中浸泡，待茎叶吸水舒展后捞出，沥干余水后继续制作。

1. 绿色浸渍标本的制作

绿色植物浸渍标本最为普遍，叶绿素不稳定，一般先用固定液固定颜色，然后用清水漂洗，置保存液中保存。

常见的固定绿色标本的方法有以下几种。

方法一：称取一定量的硫酸铜结晶，用研钵研磨后，加蒸馏水溶解即成5%或10%的浸渍液。使用时将标本浸入，每天观察颜色变化，一般3~10 d即可，待颜色恢复后取出。硫酸铜浸渍液处理标本，色泽鲜艳，保色时间久，而且操作方便，大多数标本都适用。浓度选择视标本质地和大小而定，浸渍时间需注意观察颜色变化。

方法二：50%乙醇90 mL、40%甲醛5 mL、甘油2.5 mL、冰醋酸2.5 mL、氯化铜10 g混合均匀，将标本浸入，每天观察变色情况，一般3~5 d，绿色恢复后取出。

方法三：醋酸铜结晶6 g，加入100 mL冰醋酸溶液中，制成原液，使用时加水稀释1~4倍液，置大烧杯内加热至70~80℃时将标本浸入并轻轻翻动，使标本均匀地接触药液。当标本由绿褪成黄褐色，继续微火加热，又逐渐转绿接近原色时，立即取出。

固色后的标本用清水漂洗干净，置于5%甲醛保存溶液保存。

2. 红色浸渍标本的制作

植物体呈现红色的部位，主要为花、成熟的果实，以及部分植物的叶子，如红枫、紫苏等。虽然都显红色，但色素成分却不同，有花青素、类胡萝卜素、番茄红素等，因此保存红色标本时有一定困难，方法也较为复杂。常用方法如下。

方法一：福尔马林5 mL、亚硫酸2 mL、硼酸2 g、蒸馏水1 000 mL配成混合液直接保存。此法适用于部分浆果、花朵。

方法二：氯化锡10 g、福尔马林0.5 mL、红墨水少量、蒸馏水100 mL混合均匀，先将标本置于溶液中媒染1~3 h，取出吸水纸吸干后，用福尔马林20 mL、亚硫酸2 mL、蒸馏水1 000 mL混合液直接保存。此法适用于鸡冠花序、一串红花序、千日红花序等。

方法三：先用10%硫酸铜溶液固定绿色，然后再用亚硫酸2 mL、福尔马林4 mL、硼酸2 g、蒸馏水1 000 mL混合液直接保存。此法适用于桃、棉、草莓、番茄、果、红辣椒、八角花等。

方法四：置于1%~2%的亚硫酸溶液中直接保存。此法适用于番茄、红皮甘蔗等。

3. 白色浸渍标本的制作

植物体呈现白色的部位主要是花朵，如茉莉花、梨花、白玉兰花等；还有些近于白色的叶或茎的部分，如白萝卜、茭白、慈姑等；以及一些真菌类如金针菇、蘑菇等。白色浸渍标本较容易保存，常用方法如下。

方法一：置于1%~3%亚硫酸溶液中直接保存。亚硫酸有漂白作用，此法适用于一些纯白的标本，如白萝卜、慈姑、蘑菇等。

方法二：用5%～10%硫酸铜溶液固定绿色部分，用2%～5%亚硫酸溶液漂白0.5～1 d，再用0.1%～0.5%亚硫酸溶液保存。

标本从硫酸铜浸渍液中取出时，花色往往呈黑褐色，但经亚硫酸漂白作用后，白色会逐渐复原。此法适用于带有绿色部分的花枝。

4. 黄色和浅绿色浸渍标本的制作

植物体呈现黄色部位，主要是花及成熟的果实。作用色素主要为类胡萝卜素和核黄素，均不溶于水，性质稳定，所以黄色标本较容易保色。常用方法如下。

方法一：置于0.15%～0.5%亚硫酸溶液直接保存。此法适用于柚、柑橘、枇杷、杏、梨、柿、团花、马齿苋、苏铁等。

方法二：置于5%硫酸铜溶液中1～2 d固定绿色部分，清水漂洗后用0.2%～0.5%亚硫酸溶液，加入适量甘油保存。此法适用于带有绿色部分的花枝和果枝，如金银花、枇杷、梨、马齿苋以及生姜根状茎等。

方法三：置于1.5%的福尔马林溶液中5～7 d后取出，清水漂洗后用亚硫酸30 mL、福尔马林2 mL、蒸馏水1 000 mL混合液直接保存。此法适用于莲藕、芒果、马铃薯、慈姑等。

5. 蓝色浸渍标本的制作

植物体呈现蓝色的部位主要是花朵，作用色素主要是由花青素，在浸渍液中很容易褪色，一般保色较困难。常用方法如下。

标本置于氯化亚锡10 g、福尔马林5 mL、蓝墨水少量、蒸馏水100 mL混合液中媒染2～4 h，取出用吸水纸吸干，再置于饱和硫酸铜溶液中固定绿色。

清水漂洗后用福尔马林20 mL、亚硫酸2 mL、蒸馏水1 000 mL

混合液保存。此法适用于牵牛花、马鞭草等。

6.蓝色和紫色浸渍标本制作

植物体呈现紫色部位的有花朵也有果实，如葡萄、茄子等，作用色素主要是花青素，在浸渍液中很容易褪色，一般保色较困难。常用紫色标本浸渍法。

方法一：福尔马林20～30 mL、亚硫酸5～10 mL、蒸馏水1 000 mL配成混合液直接保存。可用于荸荠、芋头等。

方法二：明矾3 g、食盐160 g、硼酸2 g、福尔马林1 mL、蒸馏水100 mL配成混合液直接保存。可用于老熟的茄子等。

方法三：升汞1 g、甘油4 mL、蒸馏水1 000 mL配成混合液直接保存。可用于紫色葡萄等。

浸渍标本制好后，2～3周后若保存液保持清透洁净，即可进行密封保存。首先调整保存液高度，以没过标本1～2 cm为宜。标本用棉线固定在宽窄合适的玻璃板上，固定时保证形态舒展、利于观察，并不得损坏标本。调整完毕后使用熔化的石蜡、松脂或凡士林进行瓶口密封，隔绝空气，防止保存液挥发。若保存液出现浑浊则要更换保存液后再封口。

浸渍标本放在阴凉、避光处保存，每隔一段时间观察1次，如发现保存液变色，则需按照原有配方更换保存液，再把标本瓶封闭好进行保存。

浸渍标本可用铅笔填写标签，并用细绳固定于标本或玻璃板上，使标签悬垂于保存液中，一同浸泡在标本瓶内，标本瓶外侧上方同时加贴标签。标签信息包括中文学名、拉丁文学名、鉴定人和鉴定时间、采集地点（省、县和小地名）、海拔、经纬度、生境、寄生植物的寄主、采集时间和采集人等。

参考文献

邸华，张建奇，车宗玺，2018. 植物腊叶标本的采集与制作方法[J]. 绿色科技（6）：158-159.

刁正俗，1988. 水生植物标本的采集和制作[J]. 渝州大学学报（自然科学版）（1）：29-37.

董会，杨广玲，孔令广，2017. 昆虫标本的采集、制作与保存[J]. 实验室科学，20（1）：37-39.

范晓东，2012. 原色浸渍标本的制作方法探究[J]. 才智（7）：213-214.

付海滨，王有福，王耀，等，2009. 植物检疫性蚧虫玻片标本制作技术[J]. 植物检疫，23（3）：30-31.

高占林，李耀发，党志红，等，2009. 蚜虫玻片标本的制作方法与技巧[J]. 河北农业科学，13（3）：159-168.

黄世水，2001. 实蝇成虫针插标本的整姿和制作[J]. 植物检疫，15（3）：149.

廖肖依，肖芬，2012. 昆虫标本的采集、制作和保存方法[J]. 现代农业科技（6）：42-43.

林荫珍，1992. 昆虫标本制作[J]. 上海：上海科学技术出版社（3）：89.

刘瑞祥，1988. 检疫性蚧虫类标本保存及玻片标本的快速制作技术[J]. 植物检疫，2（3）：224.

刘绍俊，2019. 浅谈植物标本的制作与保存技术[J]. 医学食疗与健康（18）：214-215.

刘晓霞，张金环，2008. 植物标本的采集、制作与保存[J]. 陕西农业科学（1）：223-224.

刘欣，阮春强，郭怀攀，等，2011. 浅谈桔小实蝇生活史标本的制作研究[J]. 北京农业（6）：94-95.

裴海英，2008. 浅谈昆虫姿势标本的制作技巧[J]. 生物学通报，43（9）：42-43.

乔鲁芹，张小娣，1997. 粉虱玻片标本制作方法的改进[J]. 昆虫知识，34（5）：309.

孙丽萍，吴德龙，1995. 蓟马玻片标本的制作方法[J]. 江西植保，18（1）：28.

王君，2019. 植物原色浸渍标本制作方法的探究[J]. 现代农村科技（9）：61-63.

王荣祥，许亮，宋吉猛，等，2007. 原色植物浸制标本制作方法的研究[J]. 辽宁中医药大学学报（4）：163-164.

文礼章，2010. 昆虫学研究方法与技术导论[J]. 北京：科学出版社.

夏龙龙，2017. 林业有害生物普查昆虫标本的采集与制作[J]. 农业科技与信息（23）：107-108.

徐金娥，2021. 对植物标本采集、制作方法的探讨[J]. 内蒙古林业调查设计（6）：101-104.

阎凤鸣，1990. 制作粉虱玻片标本的一种新方法[J]. 昆虫知识，27（4）：241.

姚明明，马艳，何基伍，2017. 白蚁标本的采集及制作方法[J]. 现代农业科技（14）：121-122.

曾思海，陈劲松，2012. 结合显微镜制作蚧壳虫永久性玻片标本的方法[J]. 植物检疫，26（3）：34-35.

张传溪，2023. 昆虫学实验、野外采集和标本制作[M]. 浙江大学出版社.

张宏瑞，2006. 蓟马采集和玻片标本的制作[J]. 昆虫知识，43
　（5）：725-728.

张建逵，邢艳萍，李倩，等，2015. 环氧树脂AB胶制作叶、花
　类药用植物标本的研究[J]. 现代中药研究与实践，29（4）：
　24-26.